이 세상은 무엇으로 이루어져 있을까요?
그리고 이 세상을 만드는 물질은 모두 몇 종류나 될까요?
지금부터 작디작은 원자의 세상으로 들어가
그 답을 찾아봅시다.

쪼개고 또 쪼개면

원자와 분자

박병철 글 | 이수현 그림

이 세상은 아주 다양한 물질로 이루어져 있습니다.

주변을 둘러보면 흙, 물, 나무, 쇠, 종이, 플라스틱이 사방에 널려 있고

우리가 먹는 음식의 종류도 셀 수 없이 많습니다.

모든 물질의 종류를 일일이 헤아린다면 평생이 걸려도 끝나지 않을 겁니다.

지금으로부터 2400년 전에 그리스의 철학자 엠페도클레스는
이 세상이 '물, 불, 흙, 공기'라는 단 네 가지 물질로 이루어져 있다고 주장했습니다.

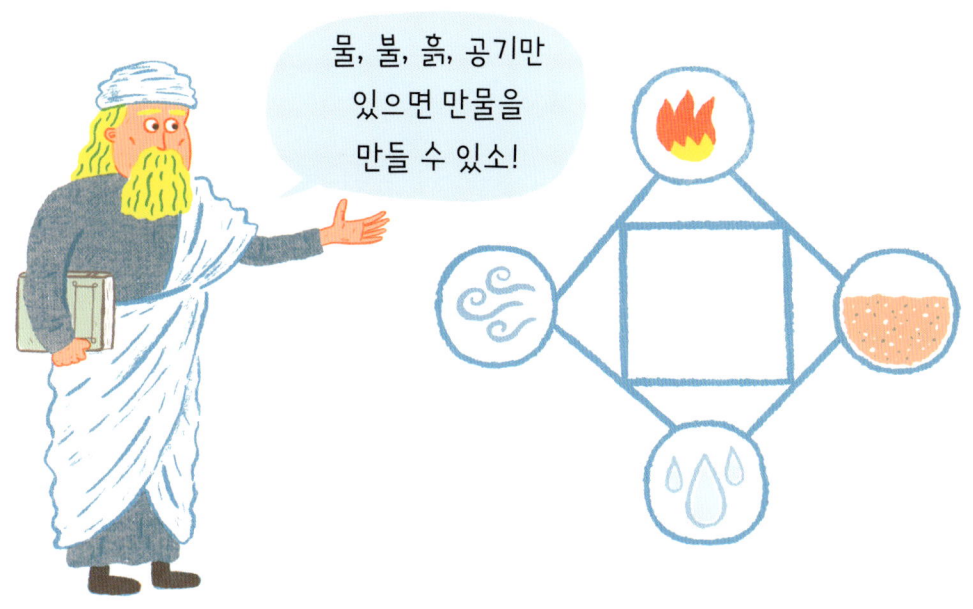

물건이건 음식이건, 이 네 가지를 적당히 섞으면 뭐든지 만들 수 있다는 뜻이지요.
하지만 엠페도클레스의 제자였던 데모크리토스는
이 세상이 더는 쪼갤 수 없는 작은 알갱이인 **원자**들로
이루어져 있다고 생각했습니다.
물, 불, 흙, 공기를 섞어서 빵을 만든다는 건
아무리 생각해도 불가능해 보였기 때문입니다.

원자를 장난감 블록으로 바꿔서 생각해 볼까요?

여기, 모든 것이 블록으로 만들어진 세상이 있습니다.

작은 블록을 조립해서 땅, 집, 사람, 동물, 식물 등

모든 것을 만들어 놓은 세상입니다.

자, 지금부터 세상을 마구 허물어서 블록을 낱낱이 뜯어내 봅시다.

만들기는 어렵지만 부수는 건 쉽지요. 와드득, 빠드득!

다 되었나요? 그러면 똑같이 생긴 블록끼리 모아 보세요.

여기서 다음과 같은 질문을 던져 봅시다.
블록 세상을 만드는 데 과연 몇 종류의 블록이 사용되었을까요?
엠페도클레스는 블록이 달랑 네 종류뿐이라고 주장했고,
데모크리토스는 '몇 종류인지는 모르지만 엄청나게 많다'고 주장했습니다.
여러분이 보기엔 어떤가요? 아무리 생각해도 네 개는 너무 적지 않나요?
그렇다면 블록 세상을 만드는 데 수천, 수만 가지의 블록이 필요한 걸까요?

1808년, 영국의 화학자 **존 돌턴**이 한 권의 책을 발표했습니다.
이 책에서 그는 데모크리토스가 그랬던 것처럼
모든 물질은 원자로 이루어져 있다고 주장했지요.
물론 이것은 옛날처럼 추측만 한 게 아니라,
실험을 여러 번 거쳐서 얻은 결론이었습니다.

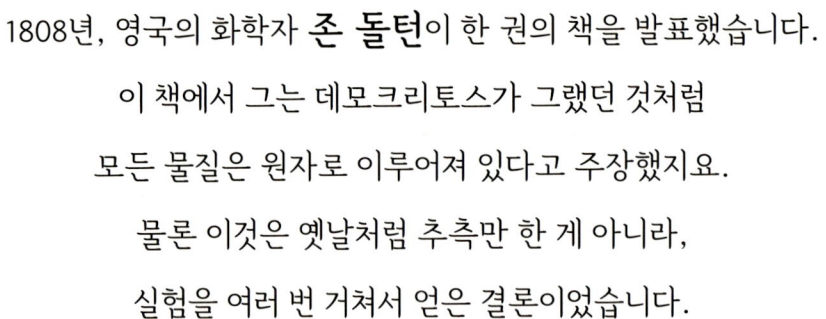

돌턴의 원자론은 과학자들에게 큰 환영을 받았습니다.
하지만 원자를 눈으로 직접 본 사람이 아무도 없었기 때문에,
원자론은 각종 과학 실험 결과를 정확하게 설명해 주었음에도 불구하고
'아주 그럴듯하지만 확인되지 않은 이론'으로 남아 있었지요.

1827년, 영국의 식물학자 로버트 브라운은 식물의 꽃가루●를 연구하다가
이상한 현상을 발견하고 깜짝 놀랐습니다.
그는 꽃가루를 조그만 물그릇 위에 띄워 놓고 현미경으로 들여다보고 있었는데,
잔잔한 물 위에 떠 있는 조그만 꽃가루 알갱이들이 마치 살아 있는 것처럼
이리저리 어지럽게 움직이고 있었던 것입니다.
처음에 브라운은 꽃가루가 '살아 있는 생명체'라고 생각했습니다.
그렇지 않고서는 혼자 움직이는 이유를 설명할 길이 없었으니까요.

● **꽃가루** 식물의 꽃 속에 들어 있는 작은 가루.

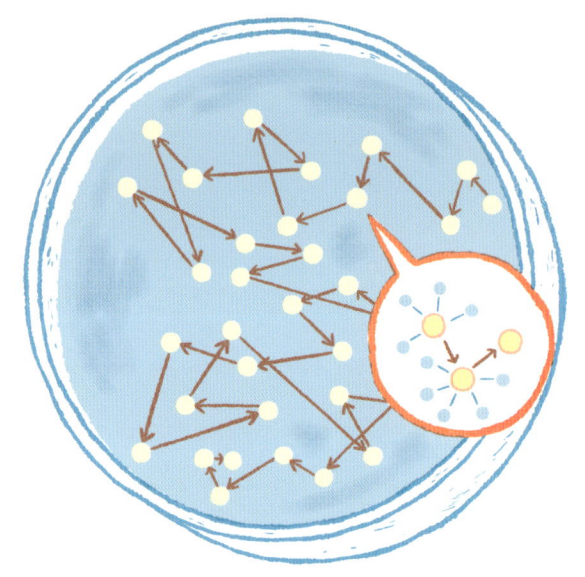

얼마 후 브라운은 꽃가루 대신 금속 가루를 물 위에 띄워 놓고 관찰했는데,

어라? 금속 가루도 꽃가루처럼 혼자 이리저리 움직이고 있었습니다.

생명체도 아닌 금속 가루가 혼자 움직이다니, 이게 어찌된 일일까요?

브라운은 눈치채지 못했지만, 사실 그것은

모든 물질이 원자로 이루어져 있다는 중요한 증거였습니다.

물을 이루는 원자들이 꽃가루 알갱이를 끊임없이 때려서

이리저리 움직이게 만들었던 것입니다.

하지만 원자를 믿지 않았던 당시 과학자들은 '꽃가루가 혼자 움직이는 현상'에

'브라운 운동'이라는 이름만 붙여 놓고 더 이상 궁금해하지 않았습니다.

별거 아닐 거야.
먼지도 혼자 잘 날아다니는데,
꽃가루라고 혼자 움직이지
말란 법 있어?

1800년대 중반에 원자의 존재를 굳게 믿었던 일부 과학자들은
여러 가지 물질을 분석해서 약 50가지의 원소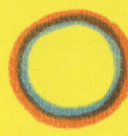를 알아냈습니다.
과학자들은 자신이 알아낸 원소에 수소, 탄소, 질소, 산소 등등
듣기에도 낯선 이름을 붙여 나갔지요.

● **원소**   원자와 원소는 뜻이 약간 다르지만 이 책에서는 같은 뜻이라고 생각해도 됩니다.

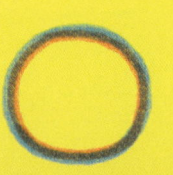

바로 이 무렵에 러시아에서 **드미트리 멘델레예프**라는 괴짜 과학자가 다이어트를 하겠다며 한 달 동안 우유만 먹고 버티다가 뼈만 앙상하게 남은 몸으로 병원에 실려 왔습니다. 그러고는 병원 침대에 혼자 앉아서 하루 종일 카드놀이를 하기 시작했지요.

가만있자. 산소, 소듐, 포타슘이 첫 번째 줄에 들어가고 베릴륨하고 마그네슘을 그다음 줄에 끼워 넣으면…….

제발 그만하고 누워서 안정을 취하세요. 카드놀이가 그렇게 좋으십니까?

원소의 종류를 분류하는 중입니다. 비록 다이어트는 실패했지만, 이번에는 느낌이 좋아요. 잘하면 대박이 터질 거라고요!

너무 굶어서 이상해졌군. 쯧쯧.

의사의 걱정과 달리 멘델레예프는 멀쩡했습니다.

아니, 멀쩡한 정도가 아니라 번뜩이는 아이디어로 가득 차 있었지요.

예전부터 원소를 연구해 왔던 그는 여러 장의 카드에 원소 이름을 일일이 적어 넣고 무게가 가벼운 것부터 바닥에 하나씩 펼쳐 나갔습니다.

수소, 헬륨, 리튬… 그런데 리튬은 수소랑 성질이 비슷하니까 수소 밑에 놓고, 베릴륨, 붕소, 탄소, 질소, 산소, 플루오린, 네온, 소듐… 어라? 소듐도 수소, 리튬이랑 성질이 비슷하네?

멘델레예프는 가벼운 원소부터 가로 방향으로 나열하면서
성질이 비슷한 원소들이 같은 세로줄에 모이도록 정리했습니다.
그랬더니 신기하게도 카드 여덟 장마다 한 번씩 비슷한 원소가 등장했지요.
병원에서 퇴원한 그는 1870년에 63개로 이루어진 원소 목록을 발표했습니다.
그 유명한 **주기율표**가 드디어 세상에 첫선을 보인 것입니다.

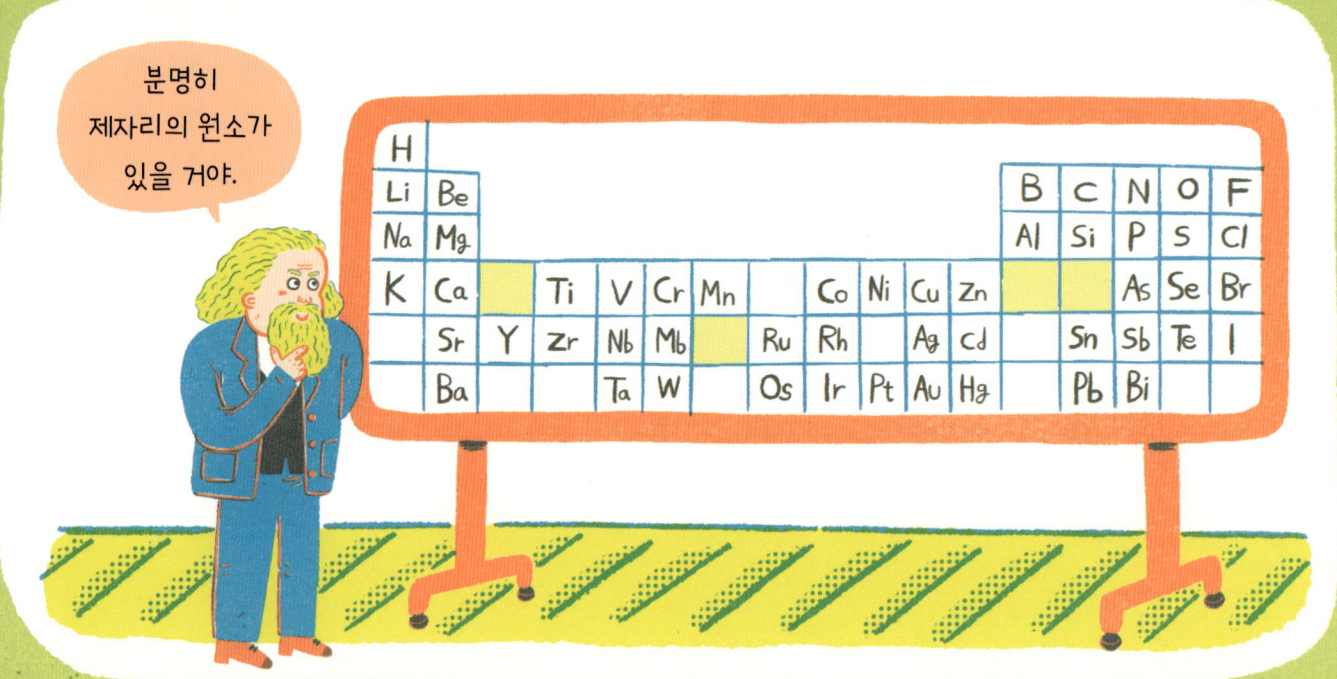

멘델레예프의 주기율표에 빈칸이 있는 이유는

그곳에 들어갈 원소가 있어야 할 것 같은데, 당시에는 발견되지 않았기 때문입니다.

그로부터 5년 후에 발견된 갈륨(Ga)과 저마늄(Ge)이 빈칸을 찾아가면서

멘델레예프는 '아직 발견되지도 않은 원소를 미리 알았던 사람'으로 명성을 떨쳤지요.

하지만 그 시대의 과학자들은 원소의 종류가 너무 많다며

멘델레예프의 주기율표를 믿지 않았습니다.

1907년 2월 2일, 멘델레예프가 세상을 떠났을 때
그에게 과학을 배웠던 학생들은 특별히 만든
커다란 주기율표를 들고 장례 행렬의 뒤를 조용히 따라갔습니다.
살아서 인정받지 못한 스승님에게 최고의 존경을 표한 것이지요.
멘델레예프의 주기율표는 그 후 약간 수정되긴 했지만,
지금도 전 세계의 모든 연구소와 학교에 걸려 있답니다.
가장 최근에 만들어진 주기율표가 궁금하다면,
심호흡을 한 번 하고 다음 장을 펼쳐 보세요.

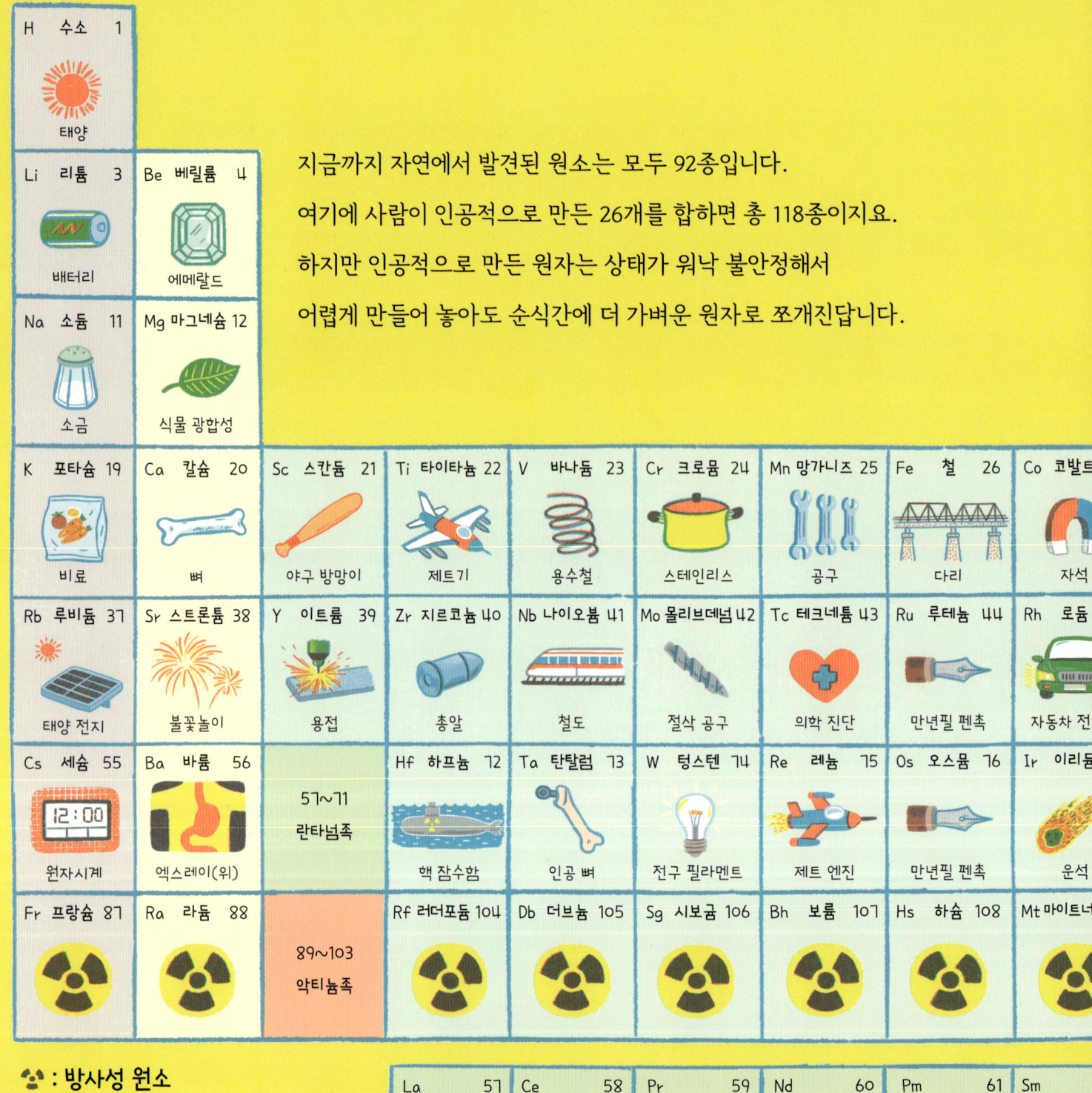

지금까지 자연에서 발견된 원소는 모두 92종입니다.
여기에 사람이 인공적으로 만든 26개를 합하면 총 118종이지요.
하지만 인공적으로 만든 원자는 상태가 워낙 불안정해서
어렵게 만들어 놓아도 순식간에 더 가벼운 원자로 쪼개진답니다.

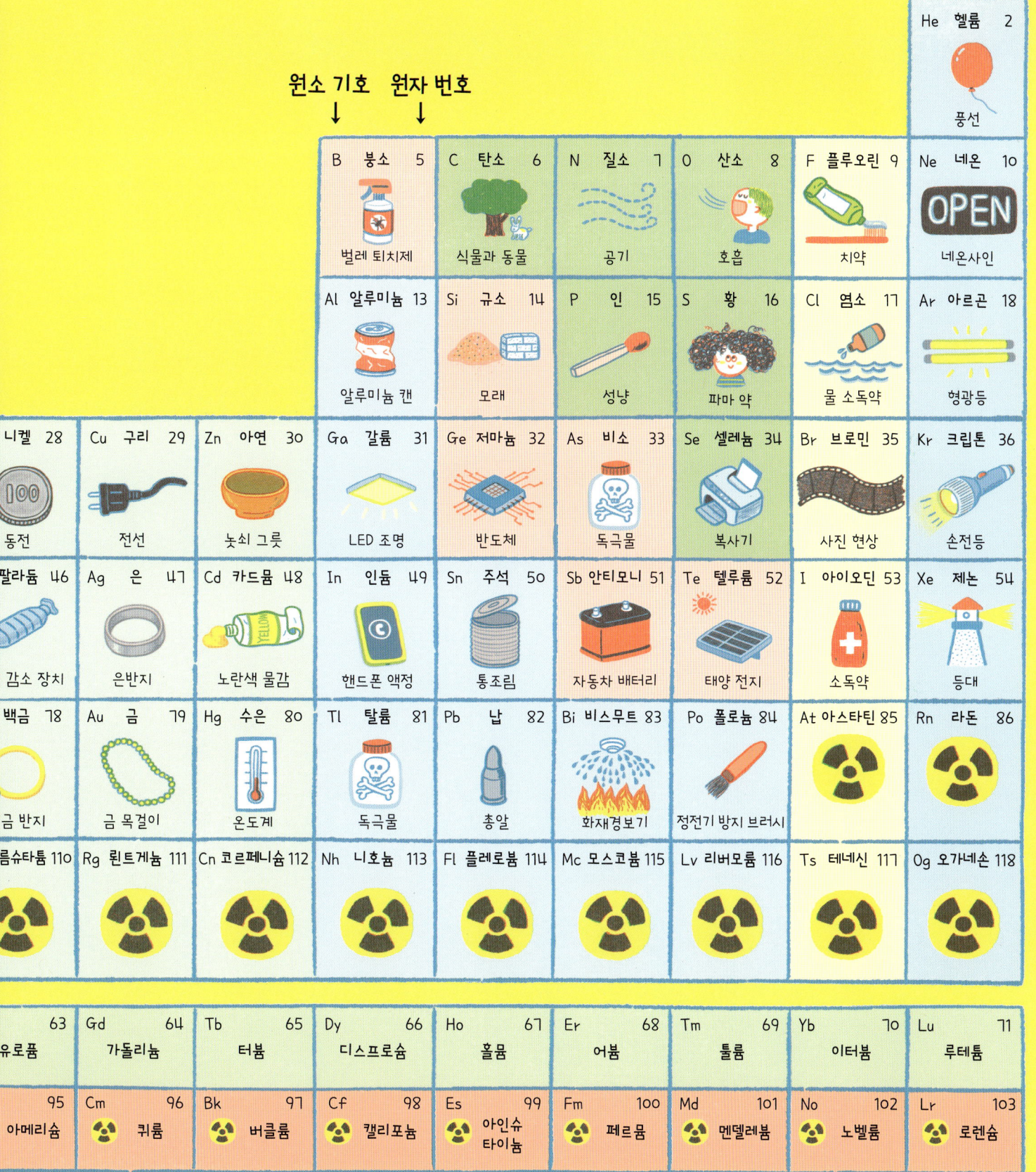

그렇습니다. 자연은 92가지 원소로 이루어져 있습니다.
주기율표에는 가장 가벼운 수소부터 가장 무거운 우라늄까지
뒤로 갈수록 무거워지는 순서로 나열되어 있답니다.
그리고 모든 원소에는 무게에 따라 번호가 매겨져 있는데,
이것을 **원자 번호**라고 합니다.
같은 반 학생들을 몸무게 순으로 세워 놓고
가벼운 순서부터 출석 번호를 붙인 것과 비슷하지요.

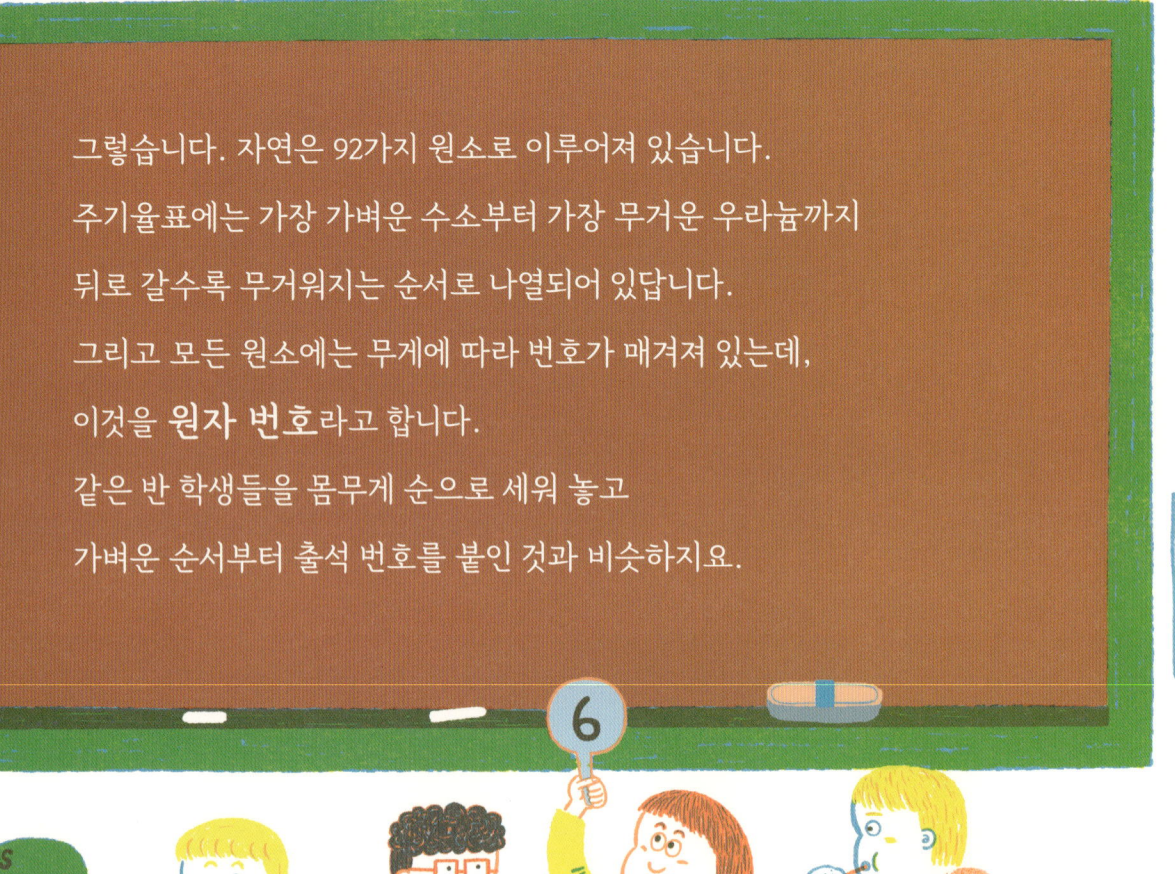

원자 번호 1번은 제일 가벼운 수소(H),

2번은 마시면 목소리가 변하는 헬륨(He),

6번은 숯검댕이 탄소(C),

8번은 우리에게 없어선 안 될 산소(O),

26번은 단단한 철(Fe),

32번은 반도체를 만드는 저마늄(Ge),

79번은 누구나 갖고 싶은 금(Au),

그리고 92번은 핵 발전소의 연료인 우라늄(U)이지요.

가만, 자연에 존재하는 원소는 정말 92가지뿐일까요?
우주에서 날아온 운석에서 주기율표에 없는 원소가 발견된다면 정말 대박일 텐데,
아쉽게도 그런 경우는 단 한 번도 없었답니다.

원자의 종류는 달랑 92가지뿐이라는데
우리 주변은 왜 수백, 수천만 가지 물질로 넘쳐 나는 것일까요?
여러분이 92종류의 장난감 블록을 갖고 있는데,
각 종류마다 개수가 헤아릴 수 없을 정도로 많다면
엄청나게 다양한 모양을 만들 수 있을 겁니다.
원자도 블록처럼 서로 들러붙어서 크고 복잡한 모양을 만들 수 있습니다.
이렇게 만들어진 것을 **분자**라고 하지요.
우리 주변의 땅, 집, 가구, 사람, 동물, 식물, 핸드폰 등은
이런 분자들이 모여서 만들어진 것이랍니다.

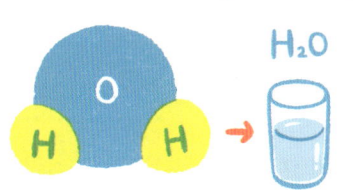
산소 원자 1개와 수소 원자 2개가 하나로 뭉치면 물 분자가 되고 이런 물 분자들이 여러 개 모인 것이 바로 우리가 마시는 물입니다.

또 소듐 원자 1개와 염소 원자 2개가 들러붙으면 짭짤한 소금이 되고

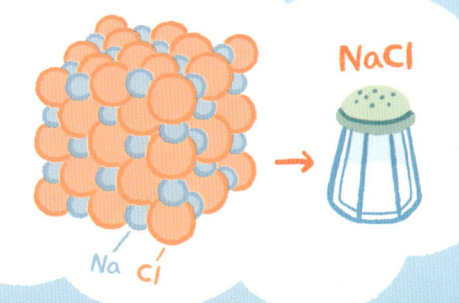

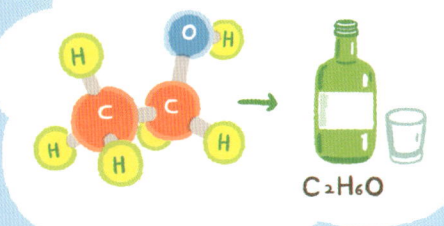
탄소 2개, 수소 6개, 산소 1개가 뭉치면 아빠가 좋아하는 술이 되고

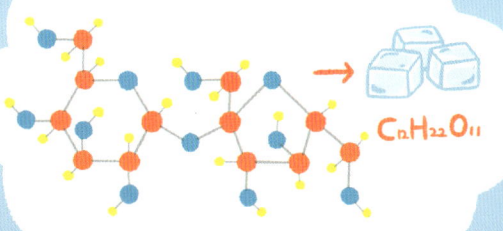
탄소 12개, 수소 22개, 산소 11개가 붙으면 여러분이 좋아하는 설탕이 되지요.

물론 원자를 아무렇게나 붙인다고 모두 분자가 되는 것은 아닙니다. 이들이 분자가 되려면 아주 복잡하고 까다로운 법칙을 따라야 하는데, 그런데도 이 세상에 존재하는 분자의 종류는 헤아릴 수 없을 정도로 많답니다.

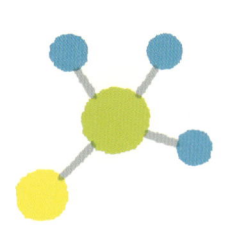 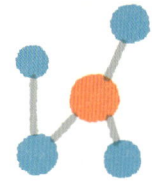 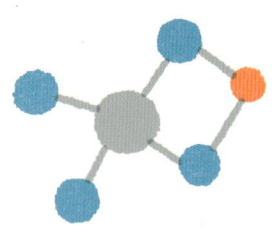

그렇다면 원자는 어떤 모양일까요?

숯검댕이(탄소)와 금반지는 촉감이 전혀 다르니까 원자도 다를 것 같은데,

대체 무엇이 어떻게 다르길래 탄소는 검고 금은 누런 걸까요?

간단한 질문 같지만, 정답이 알려질 때까지는

주기율표가 등장한 후 80년의 세월을 더 기다려야 했습니다.

1800년대 말, 영국의 케임브리지 대학교에 **조지프 톰슨**이라는 물리학자가 있었습니다.
그는 손재주가 얼마나 서툴렀는지, 만지는 기계마다 고장을 내곤 했지요.
보다 못한 학생들이 실험을 할 때마다
"교수님, 제발 실험 장치에 가까이 오지 마세요!"라며 막아섰다고 합니다.
그러나 톰슨은 이렇게 무딘 손으로 실험을 계속하여
원자의 구조를 밝힌 최초의 과학자로 이름을 남기게 됩니다.

1897년, 톰슨은 음극선*이란 것을 연구하다가
그것이 '전자'라는 아주 작은 입자*들이 이동하면서 만든 흔적임을 알아냈습니다.
그리고 몇 가지 실험을 계속해서
전자가 '모든 원자에 들어 있는 아주 작은 입자'라는 사실도 알아냈지요.
전자는 엄청나게 작고 가벼우면서 음전하(마이너스 전하)를 띠고 있었습니다.
여기에 용기를 얻은 톰슨은 상상력을 한껏 발휘하여
과학 역사상 최초로 매우 그럴듯한 원자의 형태를 상상해 냈습니다.

● **음극선** 가늘고 긴 유리관의 공기를 빼고 양 끝에 전깃줄을 연결했을 때, 유리관 안에 만들어지는 가느다란 빛줄기.
● **입자** 작은 알갱이를 가리키는 말이지만, 물리학에서는 '원자보다 작은 알갱이'라는 뜻으로 쓰입니다.

모든 원자는 전기적으로 중성*이기 때문에, 양전하와 음전하의 양이 같아야 합니다.
그래서 톰슨은 원자가 둥그렇고 물렁물렁하면서 양전하를 띤 덩어리이고,
그 속에 음전하를 띤 전자들이 곳곳에 박혀 있다고 생각했습니다.
마치 건포도가 곳곳에 박힌 젤리 덩어리와 비슷하지요.
이런 내용이 알려지자 전 세계의 과학자들은 깜짝 놀랐습니다.
원자가 '양전하 덩어리'와 '전자'로 이루어져 있다면
원자는 더 이상 쪼갤 수 없다는 오래된 믿음을 버려야 했기 때문입니다.

● **중성** 양전하(플러스 전하)와 음전하(마이너스 전하) 중 어느 쪽도 아닌 상태.

하지만 원자는 현미경으로도 볼 수 없을 정도로 작기 때문에
톰슨이 제안한 원자는 그저 추측일 뿐이었습니다.
이런 상황에서 원자의 생김새를 어떻게 확인할 수 있을까요?

여기, 눈에 보이지 않고 만질 수도 없는 신기한 물체가 있습니다.
"세상에 그런 게 어디 있어?"라고 따지진 마세요. 그냥 그런 게 있다고 합시다.
지금 지유와 지호는 그 물체가 어떻게 생겼는지 너무나 궁금합니다.
지호는 그것이 커다란 주사위 모양(정육면체)이라고 생각했고,
지유는 둥그런 공 모양일 것이라고 생각했습니다.
둘 중 누구의 생각이 맞는지, 어떻게 확인할 수 있을까요?

아주 좋은 방법이 있습니다.
보이지 않고 만질 수도 없는 물체를 향해 조그만 공을 여러 개 던지면 됩니다.
그 공들이 물체에 부딪힌 후 튕겨 나온 방향을 주의 깊게 관찰하면
신기한 물체의 원래 모양을 짐작할 수 있지요.
만일 대부분의 공이 되돌아온다면 물체는 정육면체일 것이고,
공들이 여러 방향으로 흩어진다면 동그란 모양일 가능성이 높지요.

1911년, 영국의 물리학자 **어니스트 러더퍼드**는
바로 앞에서 설명한 방법으로 원자의 생김새를 확인하는 실험을 했습니다.
그는 금으로 만든 얇은 조각을 허공에 매달아 놓고
납에서 자연적으로 튀어나온 입자들이 그 조각을 향해 날아가도록 만들었지요.

이때만 해도 러더퍼드는 톰슨이 주장했던 대로
원자는 '건포도가 박힌 동그란 젤리 모양'일 거라고 믿었습니다.
그리고 원자의 몸체(젤리)는 아주 물렁물렁하다고 생각했습니다.
따라서 이 모형이 맞다면 대부분의 입자는 아래 그림처럼
원자의 몸뚱이(젤리)를 뚫고 들어갔다가 반대편으로 뚫고 나오고,
어쩌다가 전자(건포도)와 가깝게 스친 입자들만 살짝 휘어질 것입니다.

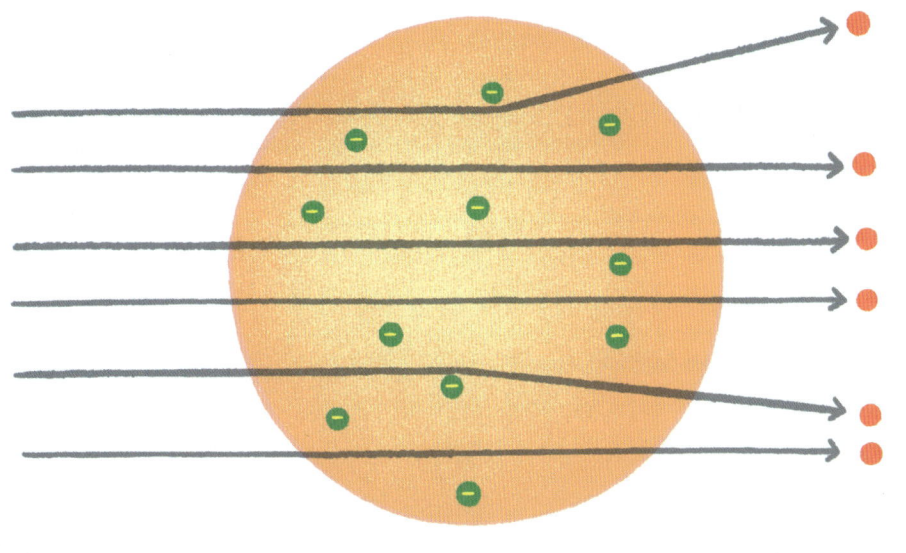

결과를 미리 예상하고 있었던 러더퍼드는
막상 주어진 실험 결과를 보고 커다란 충격을 받았습니다.
대부분의 입자들은 예상했던 것처럼 똑바로 지나갔는데,
일부는 아주 크게 휘어졌습니다.
심지어 그중에는 아예 뒤로 튕겨 나온 것도 있었지요.
깜짝 놀란 러더퍼드는 이렇게 외쳤다고 합니다.

뭐야? 허공에 휴지 조각을 매달아 놓고 대포를 쐈는데,
대포알이 뒤로 튕겨 나온 거랑 다를 게 없잖아!
도깨비가 장난을 친 거야?

정말로 그랬습니다. 원자는 톰슨이 생각했던 '동그란 젤리'가 아니라,
작고 무거운 중심부와 그 주변을 도는 전자로 이루어져 있었습니다.
언뜻 생각하면 태양 주변을 행성들이 돌고 있는 것과 비슷하지요.
그래서 러더퍼드의 원자 모형을 **태양계 모형**이라고 부르기도 합니다.
그 후로 과학자들은 원자의 중심부를 **원자핵** 또는 **핵**이라고 불렀습니다.
네, 맞습니다. 핵폭탄, 핵 발전소, 핵폐기물 등등에 나오는 바로 그 핵이랍니다.

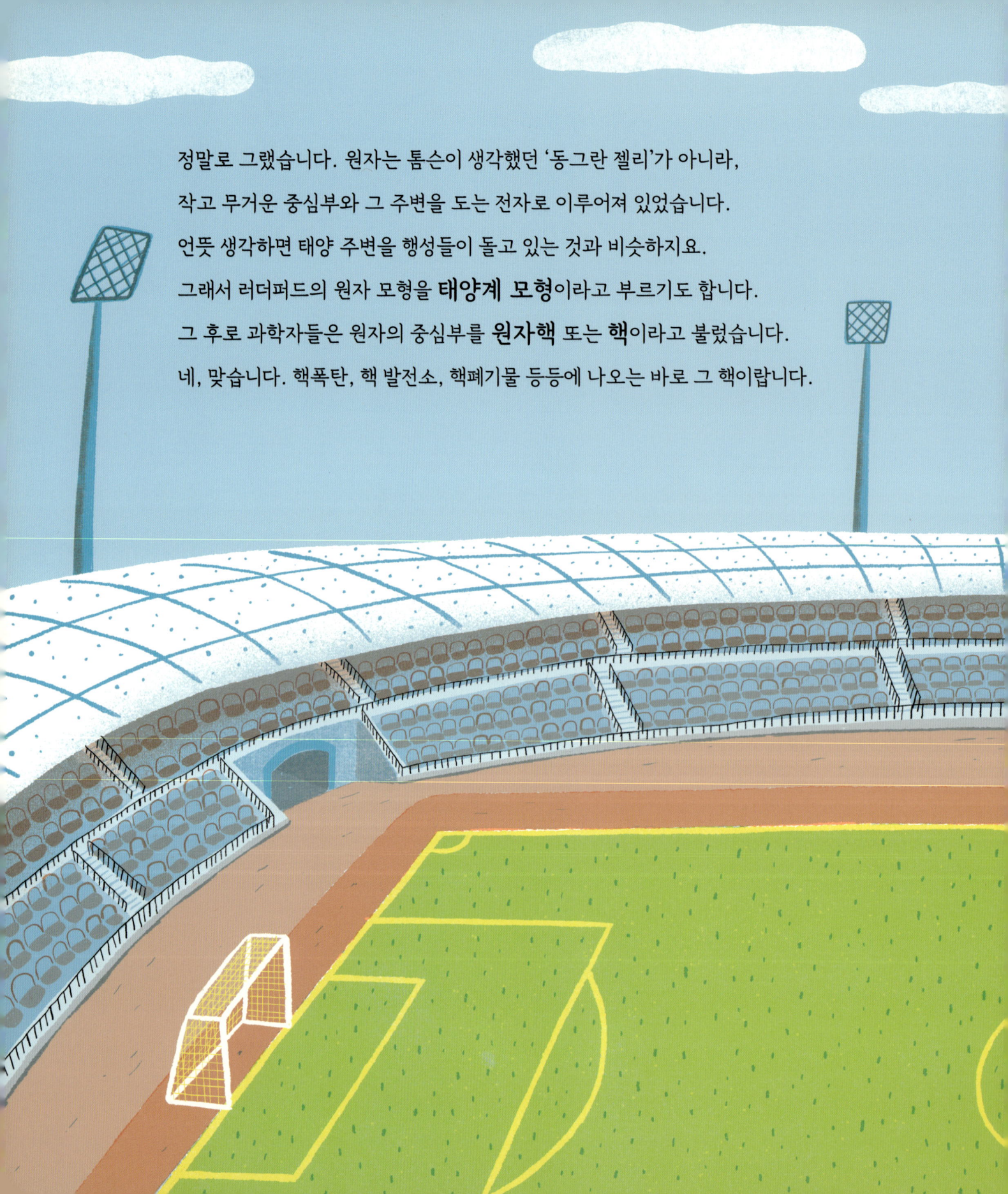

원자 한 개의 크기를 서울 월드컵 경기장만큼 확대하면
원자핵은 축구장 한가운데에 놓인 좁쌀 한 톨 크기밖에 안 됩니다.
그런데 원자 전체의 무게를 10000이라고 하면
그중 9999를 가운데 뭉쳐 있는 작디작은 핵이 차지하고 있답니다.
핵의 주변을 도는 전자의 무게는 다 합쳐도 달랑 1밖에 되지 않지요.
'작은 고추가 맵다'는 건 바로 원자핵을 두고 하는 말인 것 같네요.

돌턴은 원자를 '더 이상 쪼갤 수 없는 가장 단순한 알갱이'라고 생각했지만, 알고 보니 원자는 핵과 전자로 이루어진 꽤나 복잡한 알갱이였습니다. 그렇다면 원자핵은 더 이상 쪼갤 수 없는 가장 작은 알갱이일까요? 이 점이 궁금했던 러더퍼드는 몇 년 동안 비슷한 실험을 계속하다가 1917년에 또다시 놀라운 사실을 발견했습니다. 단단하게 뭉쳐 있는 원자핵이 **양성자**와 **중성자**라는 두 종류의 입자로 이루어져 있었던 것입니다.

더 쪼개질 수 있다고!

그 후로 과학자들은 여러 가지 새로운 사실을 알게 되었습니다.
주기율표에서 원소의 무게를 결정하는 것은
중심부의 핵에 들어 있는 양성자와 중성자의 개수였고,
미리 붙여 놓았던 원자 번호는 양성자의 개수와 정확하게 같았지요.
그리고 어떤 원자이건 전자의 수와 양성자의 수가 같다는 것도 알게 되었습니다.

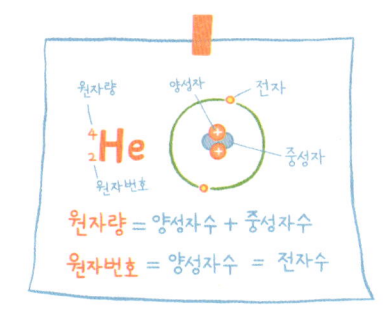

이것이 바로 여러 과학자들이
숱한 고생 끝에 알아낸 원자의 정체랍니다.

우리의 이야기는 엠페도클레스의 4원소설과
데모크리토스의 원자론에서 출발하여
톰슨의 '건포도가 박힌 젤리 모형'과 러더퍼드의 '태양계 모형'을 거쳐
원자핵 속의 양성자와 중성자까지 도달했습니다.
2400년 동안 참 먼 길을 걸어왔지요.
하지만 눈에 보이지도 않는 원자의 내부를 이토록 자세하게 알아낸 것은
현대 과학이 이루어 낸 최고의 업적으로 남을 것입니다.

엠페도클레스　　데모크리토스　　돌턴　　톰슨　　러더퍼드

 나의 첫 과학 클릭!

작아도 너무 작은 원자

원자의 크기는 얼마나 될까요? 이 질문에 답하려면
먼저 '원자의 크기'라는 말의 뜻부터 정확하게 정해야 합니다.
간단히 말해서, 원자의 크기는 '가장 바깥에 있는 전자 궤도의 크기'입니다.
원자의 한가운데에는 조그만 원자핵이 놓여 있고, 그 주변을
전자들이 에워싸고 있다는 거, 이미 읽어서 알고 있지요?
그런데 전자가 많으면 이들이 원자핵을 겹겹이 에워싸고 있기 때문에,
원자의 크기도 그만큼 커집니다. 즉, 원자의 크기는 종류에 따라 다르다는 거지요.
그래서 원자의 크기를 말할 때는 원자 중에서 제일 작은 수소 원자의 크기를
말하는 경우가 많습니다. 수소 원자의 크기를 알면,
전자를 추가해서 다른 원자의 크기도 대충 알 수 있으니까요.
자, 그러면 수소 원자는 얼마나 클까요?
사실, 여기서 '클까요?'라는 말은 전혀 어울리지 않습니다.
수소 원자의 폭이 1억 분의 1센티미터 밖에 안 되기 때문입니다.
만일 수소 원자를 사과만 한 크기로 확대한다면,
진짜 사과의 폭은 무려 지구의 10배만큼 커집니다.
그리고 수소 원자 600,000,000,000,000,000,000,000개를 모아야
간신히 수소 가스 1그램을 만들 수 있답니다. 숫자가 너무 커서 읽을 수도 없네요.

그런데 온갖 입자들이 돌아다니는 작디작은 세상에서 수소 원자는
엄청나게 큰 거인에 속합니다.
원자의 중심에 있는 원자핵은 폭이 10조 분의 1센티미터밖에 안 됩니다.
방금 말한 수소 원자보다 10만 배나 작지요.
그래서 '수소 원자를 축구장 크기로 확대하면 원자핵은
그 위에 떨어진 좁쌀 한 톨밖에 안 된다'고 했던 것입니다.
그렇다면 원자핵보다 작은 것도 있을까요? 네, 당연히 있습니다.
원자를 이루는 식구들 중 막내인 '전자'가 바로 그 주인공입니다.
전자는 그 작은 원자핵보다 2000배나 더 가볍고,
크기는 지금의 기술로 알아낼 수 없을 정도로 너무나 작습니다.
그래서 과학자들은 전자를 그냥 '점'으로 간주하고 있답니다.
애써 크기를 고려해 봐야, 지금까지 알아낸 사실이 크게 달라지지 않기 때문이지요.
하지만 전자는 결코 무시할 수 없는 질량(무게)과 전기 전하를 갖고 있기 때문에
텔레비전과 냉장고, 컴퓨터, 스마트폰 같은 전자 기계를 지금처럼 작동시키고 있습니다.
이런 기계를 '원자 기계'나 '원자핵 기계'로 부르지 않고
'전자 기계'로 부르는 것도, 전자의 역할이 그만큼 중요하기 때문입니다.

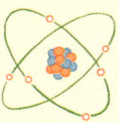
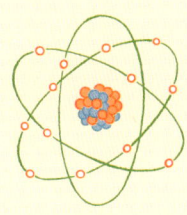

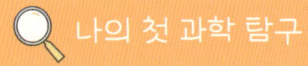 나의 첫 과학 탐구

원자의 속은 어떻게 들여다볼까?

과학자들은 작디작은 원자의 속을 어떻게 들여다볼 수 있었을까요?
그 방법을 처음으로 알아낸 사람이 바로 태양계 모형의 창시자인 러더퍼드입니다.
작은 공(탐사 입자)을 표적(원자)에 쏴서 튀어나오는 방향을 보고
원자의 생김새를 짐작하는 식이었지요.
그런데 러더퍼드가 사용했던 탐사 입자는 납에서 자연적으로 튀어나온 입자였기 때문에,
속도가 느려서 원자의 깊숙한 곳까지 파고들지는 못했습니다.
원자의 깊숙한 곳을 보려면 탐사 입자의 속도가 무조건 빨라야 합니다.
무슨 방법이 없을까요? 아뇨, 있습니다! 도넛 모양으로 길을 만들어서
그 표면을 커다란 자석으로 에워싸고, 그 안에 전기를 띤 입자를
살짝 밀어 넣으면 됩니다. 입자가 도넛 모양의 터널을 지나갈 때
자석의 힘을 받아서 속도가 점점 빨라지기 때문이지요.
입자가 더 빨라지기를 원한다면, 도넛 모양의 터널을 무조건 크게 만들면 됩니다.
탐사 입자가 커다란 터널을 여러 번 돌면 속도가 엄청나게 빨라지고,
이 속도로 표적에 충돌하면 표적에 있는 원자의 깊숙한 곳까지 들여다볼 수 있습니다.

이렇게 만든 장치를 '입자 가속기'라고 하지요.
처음에 만든 입자 가속기는 실험실 책상 위에 올려놓을 수 있을 정도로
아담한 크기였습니다. 그러나 얼마 후에는 건물 전체를 차지할 정도로 커졌고,
지금은 둘레가 수십 킬로미터까지 커졌습니다.
땅속에 도넛 모양으로 터널을 뚫어서 자석으로 길을 만든 것이지요.
덩치가 커진 만큼 입자의 속도도 엄청나게 빨라져서
원자의 가장 깊은 속까지 들여다볼 수 있게 되었답니다.
현재 세계에서 제일 큰 입자 가속기는 유럽 원자핵 공동 연구소(CERN)에 설치된
'강입자 충돌기(LHC)'인데, 둘레가 무려 27킬로미터나 됩니다.
지도에서 보면 프랑스와 스위스의 국경에 걸쳐 있지요.
요즘 과학자들은 이 어마어마한 장치로 입자를 빠르게 충돌시켜서
우주가 처음 탄생했을 때와 비슷한 환경을 만들어 내고 있습니다.
원자의 속을 들여다보려고 만들었던 입자 가속기가
지금은 우주 탄생의 비밀을 푸는 강력한 도구로 발전한 것이지요.

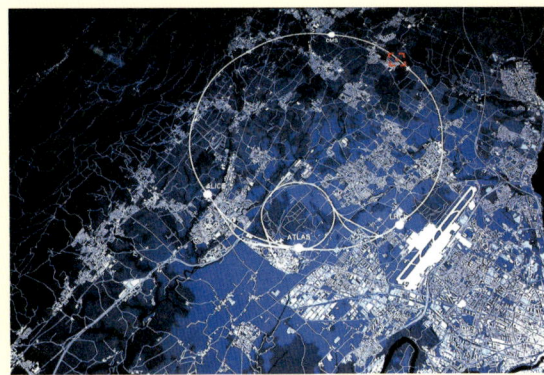

지도에 표시된 CERN의 입자 가속기(큰 원)

입자 가속기 터널

글 박병철

연세대학교 물리학과를 졸업하고 한국과학기술원(KAIST)에서 이론물리학 박사 학위를 받았습니다. 30년 가까이 대학에서 학생들을 가르쳤으며 지금은 집필과 번역에 전념하고 있습니다. 어린이 과학동화 《별이 된 라이카》, 《생쥐들의 뉴턴 사수 작전》, 《외계인 에어로, 비행기를 만들다!》를 썼습니다. 2005년 제46회 한국출판문화상, 2016년 제34회 한국과학기술도서상 번역상을 수상했으며, 옮긴 책으로는 《프린키피아》, 《페르마의 마지막 정리》, 《파인만의 물리학 강의》, 《평행우주》, 《신의 입자》, 《슈뢰딩거의 고양이를 찾아서》 등 100여 권이 있습니다.

그림 이수현

대학에서 애니메이션을 전공했고, 그림책 작가와 일러스트레이터로 활동 중입니다. 따뜻하고 유쾌한 그림으로 어린이들의 상상력을 자극하는 것을 좋아합니다. 쓰고 그린 책으로 《우주 택배》, 《해파리 버스》가 있으며, 그린 책으로 《수상한 알약 티롤》, 《수박 행성》, 《그때, 상처 속에서는》 등이 있습니다.

나의 첫 과학책 14 — 원자와 분자

1판 1쇄 발행일 2023년 7월 31일

글 박병철 | **그림** 이수현 | **발행인** 김학원 | **편집** 이주은 | **디자인** 기하늘
저자·독자 서비스 humanist@humanistbooks.com | **용지** 화인페이퍼 | **인쇄** 삼조인쇄 | **제본** 다인바인텍
발행처 휴먼어린이 | **출판등록** 제313-2006-000161호(2006년 7월 31일) | **주소** (03991) 서울시 마포구 동교로23길 76(연남동)
전화 02-335-4422 | **팩스** 02-334-3427 | **홈페이지** www.humanistbooks.com
사진 출처 입자 가속기 터널 ⓒ 유럽 원자핵 공동 연구소(CERN)

글 ⓒ 박병철, 2023   그림 ⓒ 이수현, 2023
ISBN 978-89-6591-516-4 74400
ISBN 978-89-6591-456-3 74400(세트)

- 이 책은 저작권법에 따라 보호받는 저작물이므로 무단 전재와 무단 복제를 금합니다.
- 이 책의 전부 또는 일부를 이용하려면 반드시 저작권자와 휴먼어린이 출판사의 동의를 받아야 합니다.
- **사용연령 6세 이상** 종이에 베이거나 긁히지 않도록 조심하세요. 책 모서리가 날카로우니 던지거나 떨어뜨리지 마세요.